U0208974

江南建筑构件遗存之美

冯国鄞　　顾君 / 编著

冯国鄞 / 摄影

东方出版中心
Oriental Publishing Center

自 序

  不知从何时开始，我对上海及江浙一带古镇、古村的古民居产生了浓厚的兴趣，感觉这些古建筑才是这个时代最为稀有的。

  如今，好多古镇、古村日渐衰败，不少老房子早已今非昔比，或摇摇欲坠，或已成废墟，让人心生凄凉。过去的一切终将成为历史，但老东西、老物件可以让我们重温昔日的感觉，而那种感觉又能使我们重归平静。

  古镇、古村上的一砖一瓦、一阶一石，都沉积着太多的记忆。那些江南民居遗存构件，废、断、残、杂……尽可以用这样的字眼来形容，它们却写满了岁月沧桑……

  本书收录的是我亲自寻访江南民居后所拍摄的建筑构件，如明瓦窗、缆船石、门、插花石、漏窗、竹枪篱等，那种遗存之美令人惊艳。

  我们无法穿越历史回到过去，因此影像记录就显得难能可贵。对我来说留下这些影像记录也是一种责任，特别是记录那些即将消失的文化遗产。我们没有办法阻止其消失的脚步，但是我们可以用相机、用收藏将它们留存在我们的记忆中，永久。我们可以保护历史的连续性，保留可贵的历史文化遗产，不让承载城市记忆的遗存从人们眼中消逝。

冯国勤

2016年4月

目 录

明瓦窗

  明瓦窗，又名蠡壳窗、蚌壳窗，是传统民居窗中的一朵奇葩。明瓦窗最早出现于宋代，因其用软体动物的贝壳磨薄制作，可以透光，最初的功用是覆盖在屋顶，作为天窗，排列似瓦片，故曰"明瓦"。

  唐代以前，房屋上的窗户大多是直棂的木栅，外装可开闭的木板窗扇，关起来就不透光亮了。到了宋代，随着木浆造纸术的发展和大量生产，窗户上就糊纸了，也就出现了花格的木窗棂。但纸不耐久，经不起日晒雨淋，经常要重裱。江南一带盛产蚌类，有人将其磨成薄片装点窗户。但江南的河蚌壳薄，不堪大用，人们便寻觅到福建、广东沿海。那里的海蛎子壳大而厚，后来又解决了磨削的技艺，这种贝类便被广泛应用在窗户上，蠡壳窗很快就盛行起来了。

  明瓦的镶嵌，极其规整和严格。镶嵌时，先要用薄竹片编织成网格，再将明瓦嵌入其中，嵌时尤其讲究，要由下往上，一片一片地嵌入竹网，上面一片一定要压住下面一片，从外面看起来，要像鱼鳞一般往下覆，这样才不易漏雨。完工后再配到门窗外侧。最好还是木格花窗，中间都是方格子，与明瓦一般大小，一个窗格嵌钉一块明瓦，整齐而又美观。

  薄而平的蚌壳，坚固耐用，防火、防水、防风，不但具有透光性能，还能有效地过滤阳光中的紫外线，从而使室内家具不易褪色。七彩半透明的明瓦，可以防止外人窥探。绍兴还有一种叫"明瓦船"的乌篷船，周作人先生在他的《泽泻集》里就曾对它有过非常仔细的描写：篷是半圆形的，用竹片编成，中央竹箸，上涂黑油；在两扇"定篷"之间放着一扇遮阳，也是半圆的，木作格子，嵌着一片片的小鱼鳞，径约一寸，颇有点透明，略似玻璃而坚韧耐用，这就称为明瓦。在600多年前郑和下西洋的大号宝船上，考古人员就发现了八枚蚌壳，它们散发着珍珠光彩，揭开了郑和宝船在浩瀚的大洋上是如何最大限度地利用自然光的谜团。

明代嘉靖以后，为适应蓬勃发展的民居建筑需要，生产明瓦的作坊店铺如雨后春笋般涌现。南京和苏州是苏南两大明瓦制作基地。南京就有条街叫"明瓦廊"。清代道光二十年（1840），明瓦业行会组织——苏州明瓦公所成立。

清末民初，平板玻璃进入中国市场，慢慢取代了明瓦，至民国后期，明瓦逐步淡出了人们的视线。然而，它却是历史留下的一道斑驳的剪影，那一小方、一小方的明瓦构成的竹篾衬板，亮得那么含蓄，亮得那么沉着……

上海市浦东新区高桥镇至德堂明瓦窗组图

上海市闵行区浦江镇陈行老街胡彦醉楼明瓦窗组图

上海市青浦区练塘镇前进街220弄1号明瓦窗

江苏省苏州市甪直古镇肖宅明瓦窗

浙江省嘉兴市南湖区新丰镇浜岸2号明瓦窗

江苏省苏州市黎里古镇西邱家弄2号敬承堂明瓦窗组图

上海市浦东新区周浦镇东大街26号内厅明瓦窗（2016年已拆除）

江苏省无锡市荡口镇进步街61-4 明瓦窗新旧对比

江苏省苏州市西山东湾村151号明瓦窗组图

江苏省苏州市西山缥缈村西蔡里47号明瓦窗组图

江苏省无锡市荡口镇襄义庄明瓦窗组图

江苏省苏州市同里镇富观街24号明瓦窗后窗

江苏省苏州市同里镇富观街24号明瓦窗前窗

江苏省苏州市西山植里村民居明瓦窗

江苏省常熟市沙家浜镇唐市中心街125号明瓦窗

江苏省常熟市沙家浜镇唐市北新街5号明瓦窗

江苏省常熟市沙家浜镇唐市中心街216号明瓦窗组图

江苏省苏州市西山雕花楼明瓦窗组图

江苏省昆山市巴城东大街12-1明瓦窗

江苏省昆山市巴城东大街22-1明瓦窗

江苏省苏州市莲花岛莲花居会所明瓦窗组图

江苏省苏州市西山东湾村明瓦窗组图

江苏省太仓市直塘古镇河对岸明瓦窗

江苏省太仓市直塘古镇安里街27号明瓦窗

江苏省太仓市直塘古镇安里街9号明瓦窗

江苏省太仓市直塘古镇镇中街67号明瓦窗

江苏省苏州市西山东村村东上27号明瓦窗组图

江苏省苏州市阳澄湖镇陆巷老街民居明瓦窗组图

江苏省无锡市羊尖镇严家桥村北街2号明瓦窗

江苏省无锡市南长区县前西街8号陆定一故居明瓦窗

江苏省苏州市周庄古镇北市街1号明瓦窗

江苏省苏州市震泽镇师俭堂明瓦窗组图

江苏省昆山市蓬朗老街北街13号对门明瓦窗

江苏省苏州市芦墟镇西南街102号过街楼明瓦窗

江苏省苏州市东山鉴山堂明瓦窗

江苏省苏州市黎里古镇王家院明瓦窗

江苏省苏州市西山缥缈村民居明瓦窗组图

江苏省苏州市西山东里村东蔡37号明瓦窗组图

江苏省苏州市西山缥缈村秦家堡60号明瓦窗

江苏省苏州市西山缥缈村秦家堡66号明瓦窗

上海市金山区枫泾古镇和平街112号明瓦窗

上海市奉贤区柘林镇道院老街东街48号明瓦窗

上海市金山区枫泾古镇赵家弄4号明瓦窗

上海市浦东新区三墩老街墩中路63号明瓦窗

上海市浦东新区曹路镇龚路老街西街临12-101明瓦窗

上海市闵行区浦江镇陈行老街44号明瓦窗

上海市浦东新区新场古镇新南大街411号明瓦窗

上海市浦东新区康桥镇横沔老镇花园街
54号明瓦窗

上海市浦东新区三林老街中林街5号明瓦窗

上海市浦东新区孙桥乡中心村养家宅61号艾氏故居明瓦窗

上海市浦东新区周浦镇姚桥村696号明瓦窗

上海市青浦区白鹤镇鹤江路371号明瓦窗

上海市青浦区重固镇章堰老街章埝村191号明瓦窗

上海市青浦区金泽镇上塘街101号明瓦窗组图

上海市青浦区朱家角镇西井街72号明瓦窗

上海市松江区泗泾老街民居明瓦窗（2016年被拆除）

上海市松江区仓桥中山西路260号明瓦窗

上海市松江区角钓湾鲁星村角杨417号明瓦窗

上海市青浦区金泽古镇民居明瓦窗

浙江省嘉兴市王店镇梅溪街88号明瓦窗

浙江省嘉兴市嘉善县干窑镇河东街48号明瓦窗

浙江省嘉兴市嘉善县西塘镇陆家宅明瓦窗

浙江省杭州市孩儿巷陆游纪念馆明瓦窗

河 埠

河埠头，简称河埠，也被称为水码头、水桥、河桥、河步、河滩踏渡等。河埠和码头就是停靠船只的石头台阶，它同石驳岸融为一体，傍岸铺设整齐的石块，并用石条垒成台阶，两侧还配置用于缚缆带索的缆船石或石桩。江南水乡，有河就有河埠，有河埠就有村庄，河埠是江南水乡活生生的窗口。

河埠的出现早于桥梁，也早于石驳岸，只要有人居住就需要河埠。它是生产资料和生活用品交换的重要平台，在江南水乡分布得十分密集。

江南古镇河埠的样式繁多，有淌水式、双落水、单落水，还有悬挑式。其中淌水式的河埠最为宽阔，修筑的石级同河道平行，七八级十来级不等，是最气派的码头。悬挑式最为简便，只在石驳岸边横插五或七块条石，大多为私家使用。单落水，一般都凹进驳岸三至五尺，安排七至九级石阶。双落水的河埠有内凹式和外凸式两种，河面宽阔的地段一般采用外凸式，狭窄的大多筑成内凹式。

河埠是水陆交通的口岸，可分为公用河埠、半公用河埠和私用河埠三类。公用河埠一般位于商业发达的街道附近，是江南水乡一日活动的始发点，在这些河埠附近都是大的商店货栈或是仓库。河埠的临水面开阔，可停泊较大或较多的船只。半公用河埠是沿河人家几户共用的，这是在沿河一侧建有房屋，房屋之间留出了空档，建有河埠，供左右的人家以及对街不临河的人家使用。私用河埠就是建在自家的房子边，别家无法入户使用。它是店铺、作坊的水跳板，是居民家中的水龙头。

河埠不但是人们停泊船只、交易商品的场所，也是人们日常取水、洗涤物品的所在。在江南水乡，河埠出现最多的有新场古镇、黎里古镇、甪直古镇、芦墟古镇，这些地方的河埠至今均保存完好。

浙江省湖州市新市老街河埠组图

浙江省嘉兴市乌镇老街河埠组图

上海市金山区枫泾古镇河埠

江苏省苏州市同里古镇河埠

浙江省嘉兴市月河古街河埠组图

浙江省湖州市袁家汇老街河埠

浙江省湖州市衣裳街河埠

江苏省昆山市锦溪古镇河埠

江苏省无锡市惠山古镇河埠组图

浙江省湖州市新市镇河埠组图

浙江省嘉兴市月河古街河埠组图

上海市青浦区商塌老街河埠

江苏省昆山市千灯镇河埠

上海市浦东新区新场古镇河埠

江苏省苏州市平江路河埠

上海市金山区枫泾古镇河埠

江苏省嘉兴市西塘古镇河埠组图

浙江省湖州市荻港老街河埠组图

浙江省嘉兴市乌镇老街河埠组图

浙江省湖州市衣裳街河埠

缆船石

　　船作为江南水乡交通运输的重要工具，其配套的设施历来是江南水乡居民关注的重点。

　　缆船石是供河道间来往船只泊船系缆的石钉，只有通过这种石钉把船在河中系稳了，才能停船上下货物，也方便人下船上岸，俗语曰"有河埠处必有缆船石"。缆船石也叫"系船石"，可以分为三大类型：立柱式、耳朵式和洞穴式。立柱式竖插在石驳岸上，有圆形，也有方形。耳朵式有竖立在驳岸上面，也有横插在驳岸侧里的。洞穴式的最为复杂，驳岸上、河埠中以及石桥的桥洞内都有，有竖式，有横式，也有S形的。

　　缆船石是江南水乡特有的一种石雕文化，透过它，可以多角度、多层面地得到多种信息。缆船石使用的材质与修筑驳岸、河埠所采用的石料同步，对此，江南地区自有明显的时代特征，明代中期以前采用青石，明代中期开始采用麻石，俗称"金山石"。

　　缆船石不仅是船只停靠系缆的支点和测量水位、预报水灾的工具，更是河埠上颇具特色的点缀。

　　缆船石的雕刻手法变化多样，有浮雕、立雕、透雕，有阳刻、阴刻，款式有平面、凸面、凹面，有竖式，也有横式。缆船石造型各异，蕴含着人们对生活的热爱、对生命的珍惜、对未来的祈求和憧憬。缆船石上所刻图案有动物的，象鼻、犀角、河蚌、蝙蝠、猴子、麋鹿和蚕宝宝；有植物的，蕉叶、桃子、佛手等；有如意、定胜、经幢；有宝剑、葫芦、扇子、横笛、花篮、渔鼓、荷花、宝板等；也有铁锚、金锭，甚至出现了民国肇造时的五色旗。

缆船石，有的还显现了民众驱邪避凶的心态。缆船石上镇水避水的印记要数犀角了。有单犀角，也有双犀角；有直犀角，也有弯犀角，大多腰缠彩带，有种飘飘欲飞的灵动。古人早已认识犀角，知道犀角能够清热解毒。中医认为犀角医治伤寒有特效。得伤寒症，即使生命垂危，只要进服些许犀角粉，就能够起死回生。民间盛传，用犀角杯喝酒饮茶，可以延年益寿，精力旺盛，百病不侵。于是水乡市河的石驳岸和河埠头上雕刻了众多犀角缆船石。船只系缆在这样的缆船石上，可以免受水浪的袭击，船上的孩子和妇女可以平安无虞。

缆船石上的吉祥图案，来源于生活，创造于生活，也服务于生活。那些能工巧匠的即兴创作堪称民间艺术的瑰宝，中国文化的一朵奇葩。透过缆船石艺术的图案，我们似乎看到了它内部蕴含着的神奇吸引力，也看到了长期以来，淳朴勤劳、心灵手巧的劳动人民丰富多彩的内心世界。

江苏省无锡市鹅湖镇缆船石组图

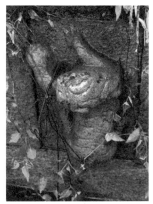

江苏省无锡市鹅湖镇缆船石组图

江苏省无锡市鹅湖镇缆船石组图

江苏省昆山市陆家浜老街缆船石组图

江苏省吴江市芦墟古镇缆船石组图

江苏省吴江市黎里古镇缆船石组图

江苏省吴江市黎里古镇缆船石组图

江苏省昆山市淀山湖镇缆船石组图

江苏省昆山市淀山湖镇金家庄缆船石组图

江苏省太仓市西郊老街缆船石组图

浙江省湖州市新市老街缆船石

江苏省无锡市荣巷老街缆船石

江苏省苏州市莘塔老街缆船石

江苏省苏州市同里古镇缆船石组图

上海市浦东新区新场古镇缆船石组图　　　　上海市嘉定区安亭老街缆船石组图

上海市金山区枫泾古镇缆船石组图

上海市青浦区商塌老街缆船石

上海市青浦区重固镇章堰老街缆船石　　上海市浦东新区张江镇太平桥缆船石

上海市金山区吕巷老街缆船石组图

上海市松江区仓桥老街缆船石组图

浙江省嘉兴市嘉善县西塘古镇缆船石组图

江苏省昆山市锦溪古镇缆船石组图

江苏省苏州市甪直老街缆船石组图

江苏省苏州市甪直老街缆船石组图

江苏省苏州市角直老街缆船石组图

滴水石

　　滴水石是设置在驳岸侧面，为雨水或污水窨沟排放口。洞口形状不是简单的方形或圆形，洞口上下部的块石正面，或阴刻，或阳刻，或浮雕。

江苏省无锡市鹅湖镇滴水石

上海市浦东新区新场古镇滴水石组图

浙江省湖州市新市老街滴水石

江苏省苏州市黎里古镇滴水石

江苏省昆山市陆家浜老街滴水石

江苏省苏州市同里古镇滴水石

上海市金山区吕巷老街滴水石组图

门

门，全称为"门户"，双扇为门，单扇为户。门，是建筑物的脸面，又是独立的建筑，如民居的滚脊门、里巷的阊门、寺庙的山门、都邑的城门。独特的中国建筑文化，因"门"而益发独特。古人言"宅以门户为冠带"，道出了大门具有的显示形象的作用。

在江南地区，门也因所属人家的经济实力及实际需求，逐渐演化出多种表现形式。

矮闼门

矮闼门是江南民居装在大门外的一种特殊结构半门。闼在字典上的意思就是小门，加上个矮字意指这门不高，只有半截，非常形象。生活中的矮闼门式样简单，形式也各有差异。这种矮闼门目前还很常见，白天大门开着，矮闼门却关着。家养猫狗也可在门口小洞中任意出入。由于矮闼门人家不带一点掩饰，所以邻里之间就十分亲热和谐，串个门，打个招呼，都非常方便。谁家今天包了馄饨或烧了糯米南瓜什么的，给邻居盛一碗去，有时谁家做菜时少了葱姜，问对面人家要一点，都是直来直去的，让人感觉有一种浓浓的邻里情。

据考证矮闼门最初出现在元朝。蒙古人是骑马行走的，为了在马背上能够监视汉人家里的活动情况，定出规定这样改造的。清代的式样一般较古朴，民国时的矮闼门，上端会做流线型，带有一点洋味。

吊闼门

江南水乡的民居建筑大多为单间独筑。门有矮闼，窗有吊闼，所谓一门二吊闼。闼：小门，门屏也。吊闼，用麻绳系扣，与房内椽子相连，可以向上吊起，故称之为"吊闼"。有的吊闼门由上闼、下闼组合。平时下闼不开，遇见红白喜事时则上下全开，室内变得明亮宽敞。闼门既可采光通风，又起着门的作用。

目前江南民居仍有部分吊阒门遗迹残留，有些老年妇女仍坐在阒门、阒窗后做生活。

防火门

在苏州的大户人家家里，一般都能见到大门朝外一面用青砖加铁钉把整扇门贴合得严严实实，这一工艺使门看起来虽笨重却不失美观。门上的青砖有隔断火源的功能，所以这种结构的门被称为"防火门"。

铁皮门

在江南水乡的门上常见铁皮粘在大门上，并用铁钉铆出不同花样。这样既显示屋主的气魄与财力，同时也保护木门不受雨水的浸湿，大家将这类的门称为"铁皮门"。

竹片门

江南地区盛产竹子，常见有居民用竹片贴在大门上，并做出不同的几何图案，经过长期雨水冲刷，竹子的外观显深红色。这样既能防止雨水冲刷竹子后的木门，又可以在小偷盗窃切割门时发出响声，起到报警作用。不过，随着时代的发展，目前这种手艺已经基本绝迹了。

浙江省嘉兴市乌镇老街民居矮闼门组图

浙江省嘉兴市嘉善县天凝镇民居矮闼门　　浙江省湖州市袁家汇古镇民居矮闼门组图

上海市静安区康定路600弄矮闼门组图

上海市浦东新区川沙镇纯新村冯家宅矮闼门

上海市闵行区陈行镇老街民居矮闼门

江苏省苏州市太平镇民居矮闼门

上海市浦东新区高东镇革新村花园子42号矮闼门

上海市浦东新区惠南镇黄路老街民居矮闼门

江苏省苏州市黄埭老街民居矮闼门

上海市浦东新区川沙镇大洪村康家宅34号矮闼门　　上海市松江区仓城中山西路162号矮闼门　　上海市浦东新区川沙镇大洪村毛家宅5号矮闼门

江苏省苏州市蠡墅镇上塘东街民居吊闼门组图

江苏省太仓市西郊西街50号吊闼门

上海市浦东新区惠南镇黄路老街民居吊阀门组图

上海市嘉定区外岗镇钱门村279号吊阀门

上海市嘉定区葛隆老街民居吊阀门

江苏省苏州市黄埭熙余草堂防火门组图

江苏省苏州市西山萃秀堂防火门组图

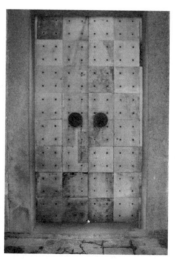

江苏省苏州市西山东村敬修堂防火门组图

浙江省湖州市袁家汇古镇民居铁皮门组图

上海市浦东新区钱仓路350弄陈氏故居铁皮门组图

江苏省昆山市陆家浜老街民居铁皮门　　　　浙江省杭州市塘西古镇西兴街民居铁皮门

江苏省苏州市西山缥缈村西蔡里民居铁皮门组图

上海市松江区仓城秀南街民居铁皮门组图

上海市浦东新区唐镇小湾公所铁皮门

上海市闵行区召稼楼保南街34号铁皮门

上海市浦东新区川周公路4436号张氏住宅铁皮门

上海市黄浦区西马街40号铁皮门

江苏省苏州市梅花坞唐寅祠竹片门

浙江省杭州市塘西古镇西兴街民居竹片门

江苏省苏州市西山缥缈村西蔡里民居竹片门

江苏省苏州市相城区众泾村民居竹片门

上海市浦东新区下沙王楼村傅雷故居竹片门

上海市青浦区练塘老街前进街97号竹片门

上海市松江区仓城秀南街36号竹片门

上海市松江区仓城中山西路270号竹片门

插花石

　　用砖石等材料对建筑内外的地面进行铺设，称为铺地。室外铺地面的材料和方法多种多样。江南园林中地面装饰讲究趣味，以卵石、破砖、碎瓦交杂，镶嵌成各式图案花纹，朴素清新。

　　以方砖、条砖、城砖铺就的室内外地面虽然没有花纹装饰，但也以砖块之间不同角度、大小、排列组合形式上的变化增加视觉上的趣味，形成各式几何图案，如人字纹、席纹、十字纹。这些有图案的砖石被称为插花石。

　　在民国时期开始采用马赛克、水泥等来铺地，随之插花石出现了彩色铺地这一新颖的表现形式。

上海市闵行区杜行镇赵家宅院北街35号插花石

江苏省苏州市山塘街元兴里4号插花石组图

江苏省苏州市艾步蟾故居插花石

上海市浦东新区沈庄南街13号插花石

江苏省苏州市西山东湾村151号插花石

江苏省苏州市西山缥缈村民居插花石

江苏省苏州市西山东村萃秀堂插花石

江苏省苏州市西山阴山老宅插花石

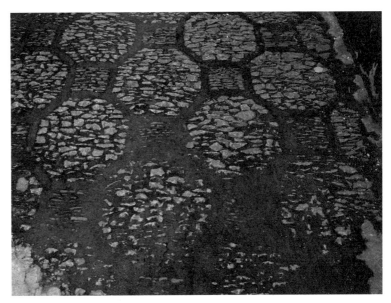

江苏省苏州市光福老街周家面馆插花石

江苏省苏州市光福老街花园弄14号插花石

江苏省苏州市太平镇民居插花石组图

江苏省苏州市西山明月湾老街插花石组图

江苏省苏州市黄埭老街潘家弄13号插花石

江苏省苏州市黄埭塔桥西弄1号插花石

上海市浦东新区高行老街插花石

上海市浦东新区孙桥乡中心村艾氏老宅插花石组图

上海市闵行区浦江镇联星村6组26号插花石

上海市浦东新区周浦镇旗杆村民居插花石组图

上海市浦东新区川沙镇大洪村毛家宅101号插花石

上海市浦东新区合庆镇永红村胡家宅43号插花石

上海市浦东新区下沙王楼村储家楼傅雷故居插花石

上海市浦东新区三墩镇墩中路63号插花石

江苏省苏州市横泾镇下塘街3号插花石

江苏省苏州市光福老街老政府楼内插花石

上海市浦东新区祝桥4村810号插花石

上海市浦东新区祝桥村815号插花石

上海市浦东新区祝桥古镇插花石

上海市闵行区浦江镇芦胜村9组28号插花石

上海市闵行区浦江镇革新村12组宁俭堂插花石

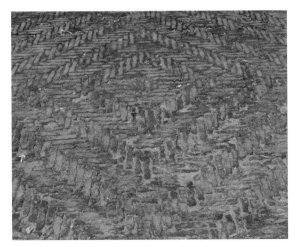

上海市浦东新区张江镇环东村顾家宅78号插花石

上海市浦东新区孙桥镇横沔江路174弄25号插花石

江苏省昆山市锦溪古镇插花石

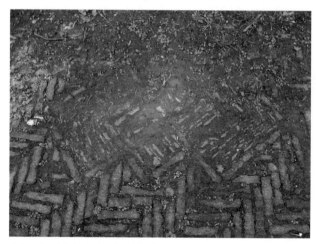

上海市浦东新区高东镇徐路老街插花石

江苏省无锡市周铁镇西街31号插花石

江苏省昆山市巴城老街东大街22-1插花石

上海市浦东新区北蔡老街龚家弄插花石

上海市浦东新区周浦镇陆弄傅家宅瓦南村270号插花石

上海市浦东新区新场镇坦西村831号插花石

上海市青浦区重固镇通坡塘西街插花石

上海市青浦区商塌老街4号插花石

上海市浦东新区闻居路张闻天故居插花石

浙江省宁波市宁海县前童古镇插花石组图

江苏省苏州市西山东村插花石

江苏省苏州市西山梧巷插花石组图

上海市浦东新区川沙镇操场街48号插花石

江苏省苏州市横泾镇上塘东街34号插花石

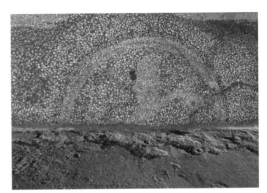

上海市浦东新区高东镇黄家湾56号插花石组图

漏　窗

　　对于人，眼睛是心灵的窗户；对于房子，窗户则是建筑灵魂的眼睛。正是光的朗照和色彩，赋予建筑以生命的动感和诗意的内涵。

　　漏窗是一种满格的装饰性空窗，它构成一种建筑的景观，俗称为花墙头、花墙洞、花窗。

　　瓦搭漏窗和砖搭漏窗都是漏窗的具体表现形式，它们均取材于屋顶上的瓦或砌在墙上砖，形式单一，但由于工匠们的巧妙组合，这两种形式都变化出丰富多样的图案，包括鱼鳞式、金钱式、戒指式、绦条式、软脚万字式等。这些图案简洁大方、寓意深远，令人赏心悦目，回味无穷。

　　另一种漏窗的表现形式为琉璃漏窗，主要材料是琉璃。由于材料及制作工艺的革新，琉璃漏窗的颜色较前两种显得更为明亮丰富，造型多为几何图案，由栀子花等形状组成，在阳光的照射下给人以一种华丽富贵感。

江苏省苏州市桃花坞琉璃漏窗组图

上海市金山区亭林镇民居琉璃漏窗

上海市浦东新区沈庄镇沈庄老街琉璃漏窗

上海市浦东新区新场古镇民居琉璃漏窗

上海市金山区干巷老街琉璃漏窗

浙江省嘉兴市西塘镇民居琉璃漏窗

江苏省苏州市光福老街小巨角街13号后门琉璃漏窗

江苏省苏州市震泽古镇琉璃漏窗

江苏省苏州市芦墟老街黄家弄5号琉璃漏窗

江苏省苏州市藏书老街上塘街35号琉璃漏窗

上海市嘉定区葛隆老街张家宅琉璃漏窗组图

上海市嘉定区黄渡老街民居琉璃漏窗组图

江苏省苏州市西山堂里花园巷4号琉璃漏窗

上海市浦东新区北蔡老街养老院琉璃漏窗

上海市浦东新区周浦镇川周公路民居琉璃漏窗

上海市浦东新区钱仓路350弄陈氏民居琉璃漏窗

上海市浦东新区东川公路7080号小杨房子琉璃漏窗

上海市浦东新区高桥至德堂琉璃漏窗

上海市浦东新区曹路镇龚路老街瓦搭漏窗

上海市浦东新区高行老街瓦搭漏窗

上海市闵行区杜行老街瓦搭漏窗组图

江苏省苏州市光福老街老政府内瓦搭漏窗

江苏省苏州市太仓西郊东街养生堂瓦搭漏窗

江苏省昆山市锦溪老街上塘街民居瓦搭漏窗

江苏省昆山市蓬朗老街民居瓦搭漏窗

江苏省苏州市光福老街花园弄14号瓦搭漏窗

江苏省苏州市光福老街周家面馆瓦搭漏窗

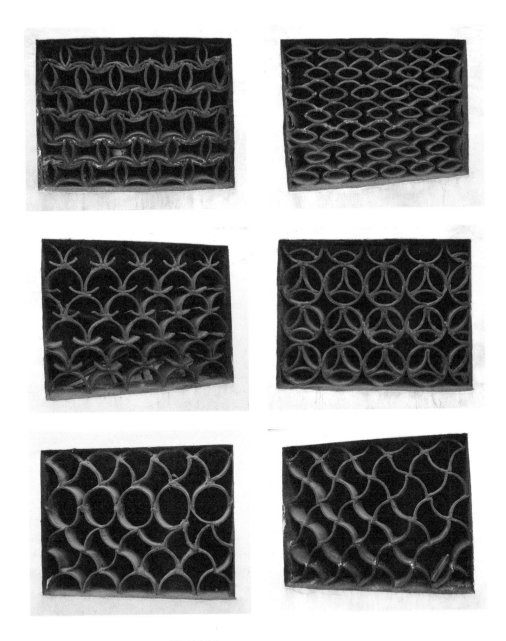

江苏省昆山市陆家浜百木弄民居瓦搭漏窗组图

江苏省苏州市太平镇民居瓦搭漏窗组图

江苏省无锡市周铁镇冯家村民居瓦搭漏窗组图

上海市浦东新区周浦镇牛桥十组苏局仙故居瓦搭漏窗

江苏省无锡市周铁镇洋溪村民居瓦搭漏窗

江苏省苏州市西山堂里民居瓦搭漏窗

上海市浦东新区三墩老街民居瓦搭漏窗

上海市浦东新区高东镇革新村张家宅137号瓦搭漏窗

上海市浦东新区航头镇民居瓦搭漏窗

上海市浦东新区下沙镇王楼村储家楼傅雷故居瓦搭漏窗

上海市青浦区朱家角西湖街212弄4号瓦搭漏窗

上海市青浦区朱家角胜利街56号瓦搭漏窗

上海市青浦区朱家角胜利街弄口瓦搭漏窗

江苏省无锡市周铁镇洋溪村民居砖搭漏窗组图

江苏省苏州市西山东村敬修堂砖搭漏窗组图

江苏省苏州市西山东村萃秀堂砖搭漏窗组图

江苏省苏州市西山东湾村民居砖搭漏窗组图

江苏省苏州市光福老街老政府内砖搭漏窗局部组图

江苏省苏州市光福老街老政府内砖搭漏窗

江苏省苏州市西山明月湾老街民居砖搭漏窗组图

上海市浦东新区下沙镇王楼村储家楼傅雷故居砖搭漏窗

江苏省苏州市西山堂里雕花楼砖搭漏窗组图

山 花

　　在中国传统建筑中，歇山式屋顶两端、博风板下的三角形墙面，叫做山花。上面可以装饰不同形状的砖雕花纹，起到美化整栋房屋的作用。

上海市浦东新区孙桥镇劳动村民居山花

上海市浦东新区川沙新镇民居山花组图

上海市浦东新区川沙新镇民居山花局部组图

上海市浦东新区新场镇祝桥村4村民居山花组图

上海市浦东新区川沙镇大洪村凌家宅山花.

上海市浦东新区川沙镇大洪村康家宅11号山花

上海市浦东新区周浦镇秀浦路梓潼村民居山花组图（2016年被拆）

上海市浦东新区横沔镇河西村61弄7号山花

上海市浦东新区合庆镇庆星村储家宅6号山花

上海市浦东新区高东镇革新村张家宅137号山花组图

上海市浦东新区曹路镇前峰村黄家宅51号山花

上海市浦东新区川沙镇大洪村杨家宅346号山花

上海市浦东新区申江路周祝公路民居山花

上海市浦东新区周浦镇瓦南村372号山花

上海市浦东新区周浦镇北庄村窑港433号山花组图

上海市嘉定区葛隆老街张家宅山花

上海市浦东新区周浦镇旗杆村民居山花组图

上海市闵行区浦江镇革新村12组宁俭堂山花

上海市浦东新区孙桥乡中心村养家宅61号艾氏老宅山花

上海市奉贤区青村镇钱桥老街人民路2弄3号山花

江苏省苏州市莘塔镇莘新村大浜里114号山花

竹枪篱

　　上海及江浙一带民居建筑大多在外墙编搭竹篱壁，用来防止雨水直接冲刷建筑的外墙。一般多采用竹材为原料，编出斜人字纹、回纹、芦席纹等图案。此外，因竹丝在深夜被切割穿破时会发出破竹之声，所以竹枪篱既起了保护和装饰的作用，又有一定的防盗功能。

上海市浦东新区六团镇七灶村民居竹枪篱组图

上海市浦东新区周浦镇北庄村窑港民居竹枪篱组图

上海市浦东新区周浦镇牛桥村苏局仙故居竹枪篱组图

上海市浦东新区曹路镇前锋村黄家宅51号竹枪篱

上海市浦东新区航头镇西市街2弄12号竹枪篱

上海市浦东新区鹤沙航城王楼村651号竹枪篱

上海市浦东新区新场镇祝桥村民居竹枪篱组图

上海市浦东新区高行老街东弄36弄7号竹枪篱

上海市浦东新区横沔镇沔青村542号竹枪篱

上海市浦东新区惠南镇六灶湾村友爱3004号竹枪篱

上海市浦东新区惠南镇六灶湾村友爱518号竹枪篱

上海市浦东新区张江镇环东村顾家宅42号竹枪篱

上海市浦东新区新场镇蒋桥村124号竹枪篱

上海市浦东新区三灶路艾氏老宅竹枪篱

上海市浦东新区周浦镇姚桥村696号竹枪篱

上海市浦东新区唐镇一心村宋家宅50号竹枪篱

上海市浦东新区孙小桥镇长元村曹家宅116号竹枪篱

上海市浦东新区周浦镇陆弄瓦南村270号竹枪篱

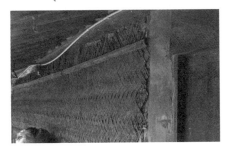

上海市浦东新区周浦镇陆弄瓦南村104号竹枪篱

上海市浦东新区周浦镇陆弄北庄村160号竹枪篱

上海市浦东新区周浦镇陆弄瓦南村118号竹枪篱组图

上海市浦东新区周浦镇旗杆村民居竹枪篱组图

上海市闵行区浦江镇芦胜村9组18号竹枪篱

上海市闵行区浦江镇芦胜村8组14号竹枪篱

上海市闵行区浦江镇芦胜村7组46号竹枪篱

上海市闵行区浦江镇芦胜村7组41号竹枪篱

上海市闵行区浦江镇题桥老街建中村5组6号竹枪篱组图

上海市闵行区浦江镇陈行老街44号竹枪篱　　　　　上海市闵行区浦江镇杜行北街35号竹枪篱

上海市浦东新区周浦镇秀浦路梓潼村民居竹枪篱

上海市奉贤区青村镇钱桥老街人民路2弄3号竹枪篱

上海市奉贤区金汇镇泰日人民街民星村民居竹枪篱

上海市奉贤区奉城镇头桥老街西街17号后门竹枪篱

江苏省昆山市千灯镇歇马桥老街过街弄民居竹枪篱

彩色玻璃

　　清朝中后期，平板玻璃进入中国市场。在当时江南地区富裕人家，玻璃（尤其是彩色玻璃）这一舶来品渐渐成为窗户采光的材料。彩色玻璃镶嵌在窗户上既美丽大方，又给整幢建筑添加了不少姿色，让人眼前一亮，也代表这户人家是小康之家。

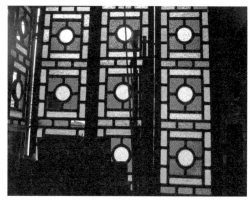

江苏省苏州市桃花坞打线场3号彩色玻璃组图

上海市闵行区浦江镇革新村12号宁俭堂彩色玻璃组图

上海市浦东新区高东镇革新村花园子42号彩色玻璃　　江苏省苏州市黄埭大街308号彩色玻璃　　江苏省苏州市横泾镇后河浜13号彩色玻璃

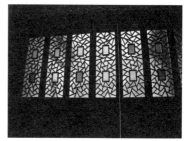

江苏省苏州市震泽镇师俭堂彩色玻璃组图

上海市浦东新区洲海路杨氏民居彩色玻璃组图

上海市宝山区罗店镇沈家宅彩色玻璃

江苏省无锡市县前西街8号陆定一故居彩色玻璃

江苏省无锡市羊尖镇民居彩色玻璃

江苏省苏州市西山雕花楼彩色玻璃

江苏省苏州市芦墟老街民居彩色玻璃

江苏省苏州市史家巷51号彩色玻璃组图

浙江省嘉兴市乌镇老街民居彩色玻璃组图

上海市嘉定区葛隆老街张家宅彩色玻璃

上海市黄浦区东台路民居彩色玻璃

上海市闵行区芦胜村8组14号彩色玻璃

上海市嘉定区华亭镇毛桥村民居彩色玻璃组图

上海市浦东新区大团古镇民居彩色玻璃

上海市浦东新区新场古镇民居彩色玻璃组图

上海市浦东新区唐镇小湾区公所彩色玻璃组图

上海市浦东新区高行东弄30号彩色玻璃

上海市青浦区练塘老街民居彩色玻璃

上海市浦东新区曹路镇龚路老街民居彩色玻璃

上海市浦东新区祝桥镇江镇老街民居彩色玻璃

上海市黄浦区山海关路274弄19号彩色玻璃

图书在版编目（CIP）数据

　　江南建筑构件遗存之美/冯国鄞，顾君编著；冯国鄞摄.
—上海：东方出版中心，2016.9
　　ISBN 978-7-5473-1014-4

　　Ⅰ.①江… Ⅱ.①冯… ②顾… Ⅲ.①古建筑－建筑
艺术－中国 Ⅳ.①TU-092.2

　　中国版本图书馆CIP数据核字（2016）第217350号

江南建筑构件遗存之美

冯国鄞　顾君 编著　冯国鄞 摄影

策划/责编　戴欣倍
书籍设计　陶雪华
责任印制　周　勇

出版发行：东方出版中心
地　　址：上海市仙霞路345号
电　　话：021—62417400
邮政编码：200336
经　　销：全国新华书店
印　　刷：上海书刊印刷有限公司
开　　本：890×1240毫米　1/24
印　　张：7
版　　次：2016年9月第1版第1次印刷
ISBN 978-7-5473-1014-4
定　　价：45.00元

版权所有，侵权必究
东方出版中心邮购部　电话：52069798